夏洛特 • 凡妮耶(Charlotte Vannier)

Animaux en récup'

隨手取材做布玩偶

親手DIY布偶動物的樂趣

Animaux en récup'

隨手取材做布玩偶

親手DIY布偶動物的樂趣

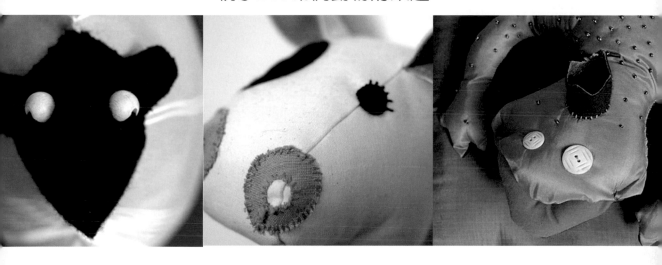

作者◎夏洛特‧凡妮耶（Charlotte Vannier）

攝影◎克萊兒‧居赫（Claire Curt）

布偶造型設計◎夏洛特‧凡妮耶（Charlotte Vannier）

翻譯◎張一喬

太雅生活館

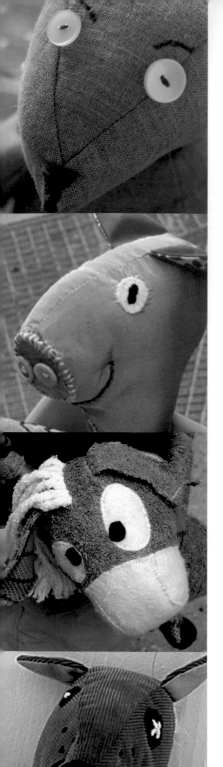

隨手取材做布玩偶

So Easy 105

作　　者　　夏洛特‧凡妮耶(Charlotte Vannier)
翻　　譯　　張一喬

總 編 輯　　張芳玲
主　　編　　劉育孜
文字編輯　　林麗珍
美術設計　　張蓓蓓

TEL：(02)2880-7556　FAX：(02)2882-1026
E-MAIL：taiya@morningstar.com.tw
郵政信箱：台北市郵政53-1291號信箱
網頁：http://www.morningstar.com.tw

Original title: Animaux en récup'
Copyright © Charlotte Vannier, Mango, Paris, 2004
First published 2005 under the title Animaux en récup' by Mango, Paris
Complex Chinese translation copyright © 2006 by Taiya Publishing co.,ltd
Published by arrangement with Editions Mango through jia-xi books co.,ltd.

發 行 所　　太雅出版有限公司
　　　　　　台北市111劍潭路13號2樓
　　　　　　行政院新聞局局版台業字第五○○四號
印　　製　　知文企業（股）公司　台中市407工業區30路1號
　　　　　　TEL:(04)2358-1803
總 經 銷　　知己圖書股份有限公司
　　　　　　台北分公司　台北市106羅斯福路二段95號4樓之3
　　　　　　TEL:(02)2367-2044　FAX:(02)2363-5741
　　　　　　台中分公司　台中市407工業區30路1號
　　　　　　TEL:(04)2359-5819　FAX:(04)2359-5493

郵政劃撥　　15060393
戶　　名　　知己圖書股份有限公司
初　　版　　西元2006年7月01日
定　　價　　199元
（本書如有破損或缺頁，請寄回本公司發行部更換，或撥讀者服務專線
04-2359-5819#232）

ISBN 986-7456-93-9
Published by TAIYA Publishing Co.,Ltd.
Printed in Taiwan

國家圖書館出版品預行編目資料

隨手取材做布玩偶 / 夏洛特‧凡妮耶（Charlotte Vannier）
作：張一喬翻譯.—初版.—台北市：太雅，2006〔民95〕
　面：　公分.—（生活技能：105）（So easy：105）
譯自：Animaux en récup'
ISBN 986-7456-93-9(平裝)

1.玩具–製作　　　2.家庭工藝

426.78　　　　　　　　　　　　　　　　　　95010981

目 錄

材料與技巧

材料

製作這些可愛的動物玩偶，完全不需要用到整塊的布料，特別是如果您希望成品能夠帶有一些「廢物利用」的特色。您可以將各式各樣的碎布和布樣集中起來，隨興混搭各樣的顏色和材質，相信不難創造出叫人驚喜、獨一無二的布偶。

布料

在本書中登場的所有動物，都是撿拾用剩或多餘的布料來製作、拼湊完成的。例如孩子不能再穿的衣服、膝蓋部位已經磨破洞的絨布褲子、有點過舊的西裝內裡、漂亮但是剪裁有點過時的印染花裙、抹布、粗麻布拖把、不成對的襪子……等等，將它們一一蒐集起來，搭配在一起是最合適不過了，而且還會有叫人意想不到的絕妙效果，讓創作的布偶看起來既是別出心裁，又有種樸拙的趣味。當家中有清洗後不幸縮水的毛衣，記得將它們保留下來；這種氈化的羊毛質地不僅摸起來舒服，也很易於縫紉。此外，修改長褲時多餘的褶邊也很好用，在丟掉舊衣服之前，也別忘了留下上面結構還夠堅固、可以重複利用的料子。

鈕扣和緞帶

延續同樣的作法，您可以從即將淘汰的衣服上取下鈕扣、標籤、鬆緊帶、暗扣……等等來備用，收到禮物時，也請記得回收緞帶和包裝上的裝飾物，而平時縫紉用剩或多餘的緞帶也都還有利用價值；即使是2、3公分的長度，有一天也許會派上用場。如果您製作的布偶是準備給小孩的，那麼可以用刺繡或是縫上布塊、細毛氈不織布的方式來取代鈕扣，比如用來當動物眼睛的時候。

縫線和繡線

您可以依照布料的顏色來選用一般的縫紉用棉線，或是刻意選擇與布料色調不同的縫線，以創造出別出心裁的效果。如果想凸顯「廢物利用」的特色，更可以大膽地運用不同顏色的縫線，比如一開始用粉紅色，用完後再接上淡紫色和綠色的線。

在需要縫上或繡出較長針距的時候，可以選用棉繡線或絲線，它們的色彩多變且選擇相當豐富，您一定可以找到與自己作品相契合的顏色。您也可以按照自己想要呈現出的效果，來決定用2、3、4還是6條線，並預先在碎布上試作看看，以便大概知道在成品上呈現出的效果為何。

珠子

玻璃珠子、大顆的木頭珠子、圓的、方的……等等，在材料行和專賣店（如縫紉用品店、手工藝

材料行等店）都有相當多的種類供您選擇。您也可以將褪流行的項鍊保留下來，因為不跟其他珠子搭在一起、只單看一顆的時候，可能還是很漂亮。閒暇時不妨去翻翻孩子的玩具箱，說不定會挖到寶。布品上繡的小珠珠或是用來當眼睛和牙齒的裝飾，都非常適合用來點綴您自己製作的，像是河馬等玩偶。只要適當的運用，它們便能賦予您的布偶與眾不同和獨特的風格。必須注意的是，跟鈕扣一樣，請記得不要在給嬰孩玩的布偶上使用過小的珠子，因為它們可能很快就會被扯下來吞進小肚子裡。

針

在縫小玻璃珠子的時候，您會需要非常細的小縫針，細到可以穿過珠子中間的洞。

縫紉的部分，您可以準備各種尺寸的縫針（長短不一，較細的用來縫輕薄的布料，較粗的則用在厚重的上面）。

最後，在需要用到棉繡線或絲線的時候，您必須選用針眼較大的縫針，以方便穿線。

合成填充物

為了方便起見，建議您使用合成填充物來製作玩偶。其材質優良、使用上簡易便利，同時兼具衛生無虞與耐洗的優點。此外您也可以選用其他材質來填充布偶，比如像木棉、零碎毛織品、布塊、羽毛或者舊枕頭的合成填料等等。

基本技巧

只要仔細按照每個製作過程的說明和紙型，您便可以輕鬆地做出本書中所介紹的所有布偶。當中所使用的都是基本技巧，並不需要任何專業的縫紉知識。您只需要一台簡單的縫紉機（有直線和曲折線跡兩種功能即可）便可以動手製作了。

本書所採用的刺繡針法是最常見的平針繡、回針繡和緞面繡。

以下幾個製作細節的說明將對您有所助益。您也可以盡量嘗試以不同的技巧來製作不同動物的眼睛、嘴巴或鼻子。您可以依創作上的需求，自行決定哪一種製作方式更為合適。

如果是要給小孩的布偶，請記得改為運用繡上圖案或線點的方式來取代所有的鈕扣。

連接動物四肢、軀幹或是雞冠的時候，永遠都要縫接在動物主體裡面，這樣在翻轉過來塞填充料的時候，前後腿、雞冠等等才會在外面。

小豬的口鼻

豬鼻子是用厚紙板包覆粉紅色棉布，再以棉繡線一針針縫上裝飾性強的較大針距做成的。在將鼻子固定在小豬頭上之前，必須先將鼻孔縫好；豬嘴巴再用棉繡線以回針繡針法繡上。「酒渦」的作法是用針穿過豬鼻子兩端，接著拉緊棉線打雙結，來調整出代表嘴角的皺褶。

小豬的四隻腳

豬腳的部分跟豬鼻子的作法一樣，是用一片厚紙板包覆粉紅色棉布，再以繡線沿著四周以長針距一針針縫上即可。如果您不想用紙板，也可以拿一塊比較厚的布料來代替，比如毛氈類。

小豬的刺青

刺青是等到整隻小豬製作完成時，才繡上去的。因為這樣才好確定圖樣的位置。而為了隱藏線頭，在開始繡的時候，可以從離圖案遠一點的地方刺進去，在布偶裡保留一大段線長，繡完的時候也一樣從遠一點的地方穿出來，再將線剪斷。

母雞的翅膀

雞翅膀是以長針距縫上布偶主體的。或者您也可以先用縫紉機縫邊，再接上主體。

青蛙背上的珠珠

在縫珠子的時候，如果想將線頭、線尾隱藏起來，可以用針帶線先刺進布偶內部，再從幾公分遠的地方穿出來，才將線剪斷。

母牛的斑點

斑點以布塊製成，在縫上去之前，除了毛氈類或毛絨類的

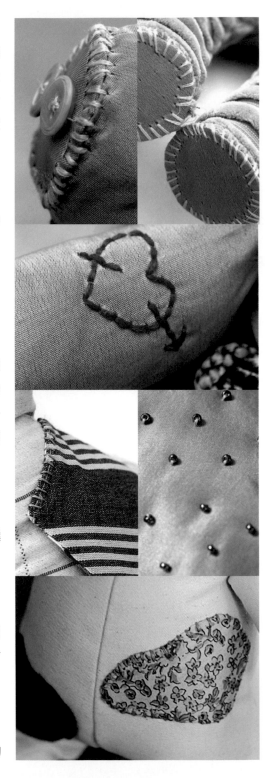

料子，應沿著周圍反摺0.5公分，以防時間一久會從布邊漸漸抽絲散開。

熊的眼睛和鼻子

熊的眼睛是縫上2顆扣子做成的，眉毛和鼻子則分別用繡線以回針繡、緞面繡來繡成。

熊的關節

熊的手和腳在接上主體時，只要在關節處縫上1顆扣子，便可以活動自如。您也可以用繡線或較粗的棉線在關節處縫上一針，方法就像製作兔子時所用的一樣。

熊的脖子

在將熊的頭接上整個身體之前，請先於頸部下方沿邊往內反摺1公分縫妥，以呈現平整的布邊，最後再用繡線以一針針長針距來連接頭與身體。

兔妹妹的眼睛

除了扣子之外，特別繡上睫毛，為眼神增添突出的效果。

小兔妹妹的鼻子

兔子的鼻子部分，是以繡線繡上緞面繡來表現。

野狼的眼睛

野狼的眼睛是以毛氈不織布縫製而成，眼睛周圍用同色系的繡線以平針繡固定，瞳孔部分再以白色繡線繡上。

小驢的眼睛

小驢的眼睛是由2片毛氈不織布組成，先在周圍用細棉線縫上短針距，再以毛邊繡滾邊即可。

母雞群
卡蜜兒、維珍妮
和愛麗絲

尺寸：43～50公分

材料

◆ 紅白色相間的格子碎布塊
◆ 舊床單或製作剩下的白棉布
◆ 紅、白色用剩或多餘的毛織品
◆ 毛氈不織布：紅和綠色
◆ 紅色緞帶50公分
◆ 棉線：白、紅及綠色
◆ 繡線：綠色
◆ 合成填充物
◆ 刺繡用針
◆ 縫針
◆ 大頭針
◆ 粉片

卡蜜兒（苗條的小母雞）

將紙型（參見48～49頁）影印之後，剪下布偶的紙樣，將它們用大頭針別在布料上，並用粉片沿著邊緣畫出形狀。每邊再各多留約1公分的縫分，便可在對摺的格子布塊上，就畫好的圖形剪下2片身體（A）和4片翅膀（B）。剩下的1片雞冠（C）和1片肉瘤（D）要畫在沒有對摺的紅色毛氈不織布上，2隻眼睛（E）、一個嘴巴（F）和4片雞爪（G）則畫在綠色不織布上再剪下，都不必留縫分。

將2片身體反面朝外、正面對正面對齊縫合，同時將2條各長25公分的紅色緞帶縫在身體底部作為雞腳（如此一來雞腳會縫在身體裡面），雞冠和肉瘤也同時一樣分別縫在嘴巴的上和下，最後在雞尾的部分留下約6公分大小的開口。將車縫好的身體翻轉過來成正面朝外。用合成填充物將雞頭和身體塞滿，再用顏色相稱的線以細密的針距把開口縫合。

將翅膀2片1組、正面對正面對齊，除了垂直的那一邊以外全部縫合。將翅膀翻轉過來成正面朝外。在開口那一邊往內摺1公分，然後用縫紉機沿著邊緣0.2公分處縫起來。將2隻翅膀用綠色繡線各以整齊的長針距縫上身體的兩面。

將眼睛和嘴巴，用綠色棉線，以短針距固定在雞頭上。將雞爪2片1組、反面對反面對齊，並將雞腳底部放進雞爪後，用短針距沿周圍完全縫合即可。

維珍妮（苗條的大母雞）

將紙型（參見48～49頁）影印之後剪下布偶的紙樣，將它們用大頭針別在布料上，並用粉片沿著邊緣畫出形狀。每邊再各多留約1公分的縫分，便可分別在對摺的格子布塊上就畫好的圖形剪下2片頭（H）和4片翅膀（B）、在對摺的白棉布剪下2片身體（I）。2隻雞腳（J）的部分要畫在對摺的毛織品上，每邊再各多留0.5公分

的縫分。剩下的1片雞冠（C）和1片肉瘤（D）要畫在沒有對摺的紅色毛氈不織布上，2隻眼睛（K）、一個嘴巴（F）和4片雞爪（G）則畫在綠色不織布上再剪下，都不必留縫分。

將雞腳正面對正面、沿寬度對摺，然後沿著邊緣0.5公分處縫合，在底端留下開口，最後將雞腳整個由內翻轉過來，正面朝外。

將2片身體反面朝外、正面對正面對齊縫合，同時將2隻雞腳也縫在身體底部。在身體上端留下一個開口，接著將整個身體翻轉過來，變成正面朝外之後，用合成填充物將它塞滿。

將2片雞頭正面對正面組合起來，同時把雞冠和肉瘤也分別縫在嘴巴的上和下，只在雞脖子下方留下開口。將整個雞頭翻轉過來成正面朝外，並用合成填充物將它填滿。

在脖子開口那一端往內摺1公分，然後把它接上身體上方預留的開口，並沿著脖子下方周圍以短針距仔細縫合。

將翅膀2片1組、正面對正面對齊，除了垂直的那一邊以外全部縫合。將翅膀翻轉過來成正面朝外。在開口那一邊往內摺1公分，然後用縫紉機沿著邊緣0.2公分處縫起來。將2隻翅膀用綠色繡線各以整齊的長針距縫上身體的兩面。

將眼睛和嘴巴用綠色棉線以短針距固定在雞頭上。將雞爪2片1組、反面對反面對齊，並將雞腳底部放進雞爪後，用短針距縫合即可。

愛麗絲（胖母雞）

將紙型（參見48～49頁）影印之後，剪下布偶的紙樣，將它們用大頭針別在布料上，並用粉片沿

著邊緣畫出形狀。每邊再各多留約1公分的縫分，便可分別在對摺的格子布塊上就畫好的圖形剪下2片頭（H）和4片翅膀（B），用作雞身主體底部（L）的這一塊則不必對摺。2隻雞腳（J）的部分同樣畫在對摺的格子布塊上，但每邊只需再留0.5公分的縫分。剩下的1片雞冠（C）要畫在沒有對摺的紅色毛氈不織布上，2隻眼睛（E）、一個嘴巴（F）和4片雞爪（G）則畫在綠色不織布上再剪下，都不必留縫分。

將雞腳正面對正面、沿寬度對摺，然後沿著邊緣0.5公分處縫合，在底端留下開口，最後將雞腳整個由內翻轉過來，正面朝外。將2隻雞腳各縫在2片身體的底部。

將2片身體反面朝外、正面對正面對齊，加上雞身主體底部的這一塊在中間縫合，同時雞冠也一起縫在嘴巴的上面，並在雞脖子上端留下一個6公分的開口。

接著將整個身體翻轉過來，變成正面朝外之後，用合成填充物將頭部與身體塞滿，最後用顏色相稱的線，以短針距把開口縫合。

將翅膀2片1組、正面對正面對齊，除了垂直的那一邊以外全部縫合。將翅膀翻轉過來成正面朝外。在開口那一邊往內摺1公分，然後用縫紉機沿著邊緣0.2公分處縫起來。將2隻翅膀用綠色繡線各以整齊的長針距縫上身體的兩面。

將眼睛和嘴巴用綠色棉線以短針距固定在雞頭上。將雞爪2片1組、反面對反面對齊，並將雞腳底部放進雞爪後，用短針距縫合即可。

小狗尤金

尺寸：約44公分

材料

◆ 紅色條紋的亞麻碎布塊
◆ 舊衣物的黑色毛絨
◆ 用剩的黑色不織布
◆ 襪子1隻
◆ 棉線：棉線繩及黑棉線
◆ 合成填充物
◆ 縫針
◆ 大頭針
◆ 粉片

將紙型（參見50頁）影印之後，剪下布偶的紙樣，將它們用大頭針別在布料上，並用粉片沿著邊緣畫出形狀。每邊再各多留1公分的縫分，便可分別在對摺的亞麻布塊上就畫好的圖形剪下2片頭（A）、2片身體（B）和2塊手臂（C），而頭頂上的這一塊（D）和2隻耳朵（E）則不必對摺布料，可直接描繪後剪下；另外再由黑色毛絨上，剪下2隻耳朵（E），同樣不必對摺。接下來不必留縫分，在對摺的黑毛絨上剪下剩下的2隻腳（F），而右眼（G）、左眼（H）和鼻子（I）則直接從黑色不織布上剪下，不必對摺。

耳朵和頭

將1隻布耳朵和一隻毛耳朵組合在一起，正面對正面，在垂直的一邊留下開口，然後整隻翻轉過來成正面朝外，另一隻耳朵的作法也一模一樣。將耳朵分別用大頭針別在小狗的2片頭上，亞麻布的那一面朝向頭的正面。

將2片小狗的頭正面對正面組合起來，中間加上頭頂那一片布塊，同時也把耳朵一起車縫上去（製作時將耳朵放在頭裡面）。在小狗頸部的地方留下一個3公分的開口，然後把整個頭翻轉過來成正面

朝外。用合成填充物將整個頭填滿，然後以縫紉用棉繩將3公分的開口，採短針距縫合。用黑棉線，以短針距，將眼睛和鼻子固定在小狗頭上。

手臂

將每隻手臂正面對正面，沿著寬度對摺後縫合，在肩膀的地方留下開口，然後將整隻手臂翻轉過來，成正面朝外。將2隻手臂以合成填充物填滿，然後用大頭針別在小狗身體開口處、紙型上有做標示的地方。

身體

將2片身體正面對正面車縫起來，紙型上有做標示的地方（I）、背部中線和肚子部分對齊相疊，同時2隻手臂也一併縫上去（此時手臂要放在身體裡面）。腿底部要接腳的那一端也一起縫合，僅在小狗脖子的地方留下開口。將整個身體翻轉過來成正面朝外，並用合成填充物將它塞飽。在身體上方開口的那一邊，往內摺1公分，然後與小狗的頭從脖子底部的地方接上，並用短針距，沿著周圍縫合。

腳和尾巴

將每隻腳從寬度對摺，正面對正面，然後縫合，並在頂端留下開口。將2隻腳翻轉過來成正面朝外，再用合成填充物一一塞滿。將2隻腳用黑棉線，以小針距接在2隻腿的底部。

將直徑3公分的圓形黑色毛絨，用黑色棉線，以小針距，縫在小狗身體背部作為尾巴。

毛衣

將襪子由腳跟上方的位置剪開，從襪管的位置剪下2片6X4公分大小的布塊來做袖子。用縫紉機將袖子其中較長的那一邊先拷克起來，再將它正面對正面對摺，用縫紉機在較短的那一頭沿著距布邊0.5公分的寬度縫起來。在襪子上腳尖的位置剪一個4公分的缺口來當衣領，並用顏色相稱的線來手縫收邊。在襪子兩邊各剪2.5公分的缺口，然後以手縫的方式接上2隻袖子。

給小狗穿上毛衣，並在狗肚子的地方將毛衣下擺捲起來。

母牛瑪歌

材料

尺寸：約45公分

- ◆ 乳白色的厚棉布
- ◆ 紫色亞麻碎布塊
- ◆ 碎花布
- ◆ 用剩的深紫色薄紗布
- ◆ 用剩的黑色不織布
- ◆ 繡線：淡紫色、黑和粉紅色
- ◆ 棉線：淡紫色、黑、乳白和深紫色
- ◆ 合成填充物
- ◆ 刺繡用針
- ◆ 車縫針
- ◆ 大頭針
- ◆ 粉片

將紙型（參見51頁）影印之後，剪下布偶的紙樣，將它們用大頭針別在布料上，並用粉片沿著邊緣畫出形狀。每邊再各多留1公分的縫分，便可分別在對摺的白棉布上，就畫好的圖形剪下2片頭（A）、2片身體（B）和2塊手臂（C），而頭頂上的這一塊（D）和2隻耳朵（E）則不必對摺，可直接描繪後，加縫分由白棉布剪下。另外再由紫色亞麻布上剪下2隻耳朵（E），同樣不必對摺。深紫色薄紗布是用來作小睡衣（F）的，也是先對摺再描繪剪下。其他的均不必留縫分，布料也不必對摺，直接從黑色不織布剪下4片牛蹄（G）、4片蹄底（H）、1隻右眼（I）1隻左眼（J）和1塊斑點（K）；2片鼻孔（L）和另1塊斑點（K）則從紫色亞麻布剪下，最後再從碎花布上剪下第三塊斑點（K）。

耳朵和頭

將1隻白棉布耳朵和1隻紫亞麻布耳朵縫合起來，

正面對正面，垂直的那一邊留下開口，以便最後翻轉過來成正面朝外。另1隻耳朵也以同樣的方法製作。將2隻做好的耳朵，用大頭針分別別在2片母牛頭上，紫色亞麻布那一面，面對頭的正面，耳朵根部的地方要先對摺成半，再縫上去。

將2片母牛頭，正面對正面組合起來，中間加上頭頂那一塊，2隻耳朵也一併車縫起來（製作時耳朵的位置要在頭裡面），只在脖子的地方留下一個3公分的開口，然後將整個頭翻轉過來成正面朝外。將整顆頭用合成填充物塞滿，然後以縫紉用棉繩，將3公分的開口採短針距縫合。

用黑棉線、以短針距，將眼睛固定在母牛頭上，鼻孔則用淡紫色繡線，以長針距縫上。在母牛的左眼繡上黑色睫毛。

手臂

將每片手臂正面對正面，沿著寬度對摺然後縫合，只在肩膀的地方留下開口，然後將手臂整個

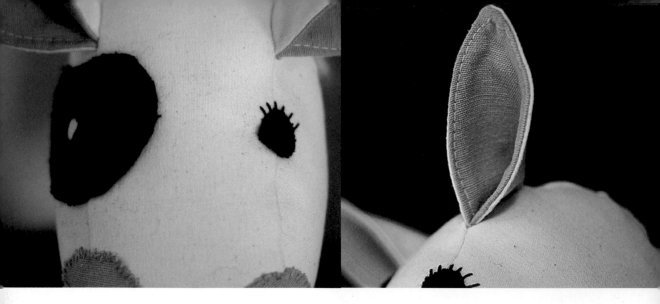

翻轉過來成正面朝外,用合成填充物一一塞滿,
並將它們用大頭針別在2片身體的開口處,也就是
紙型上所標示的地方。

身體

將2片身體正面對正面車縫起來,紙型上有做標示
的地方(1)、背部中線和肚子部分對齊相疊,同
時2隻手臂也一併縫上去(此時手臂要放在身體裡
面)。腿底部要接牛蹄的那一端也一起縫合,僅在
母牛脖子的地方留下開口。將整個身體翻轉過來
成正面朝外,並用合成填充物將它塞飽。
在身體上方、脖子開口的那一邊,往內摺0.5公
分,然後將母牛的頭插入接上,並以白棉線用長
針距沿著周圍縫合。
在剪好的黑色、紫色和碎花斑點布塊周圍往內摺
0.5公分,然後各自以顏色相襯的繡線,用長針距
縫在母牛肚子上。

牛蹄

用黑棉線將剪好的牛蹄布塊,以紙型上標示(2)
和(3)相接的方式縫合成圓筒狀,然後在任一邊
的開口縫上蹄底。用黑棉線,以短針距,將做好
的牛蹄接上母牛手臂和腿的底端。

小睡衣

將剪好的小睡衣布塊較短的兩邊、較長的其中一
邊和預留給手臂的開口,用粉紅色繡線收邊。睡
衣底部用深紫色棉線來繚邊。將小睡衣正面對正
面,在背部沿邊0.5公分的地方整個縫起來,然後
整件翻轉過來成正面朝外。
拿一根刺繡用針,繞著睡衣領沿布邊2公分處,
以每公分縫一針的方式穿過一條粉紅色繡線,
稍微拉緊做出皺褶後,在睡衣前面打一個蝴蝶
結,最後將線剪斷,並在每一邊的線頭打幾個
結實的單結。

城市老鼠
艾馬布勒

尺寸：約30公分

材料

- ◆ 用剩的灰色法蘭絨
- ◆ 黑色細格紋碎布塊
- ◆ 用剩的黑色不織布
- ◆ 白色碎布塊
- ◆ 繡線：紅和棕色
- ◆ 棉線：黑和灰色
- ◆ 黑色鈕扣2顆
- ◆ 合成填充物
- ◆ 刺繡用針
- ◆ 車縫針
- ◆ 大頭針
- ◆ 粉片

將紙型（參見52～53頁）影印之後，剪下布偶的紙樣，將它們用大頭針別在布料上，並用粉片沿著邊緣畫出形狀。每邊再各多留1公分的縫分，便可分別在對摺的灰色法蘭絨上，就畫好的圖形剪下2片頭（A）、2片身體（B）、2塊手臂（C）和2隻腿（D），而頭頂上的這一塊（E）和2片右耳（F）和2片左耳（G）則不必對摺，可直接描繪後加縫分，由法蘭絨剪下；另外再從格子布剪下用來做2片長褲（H）的布塊，同樣不必對摺。接下來不必留縫分，直接從對摺的黑色不織布剪下用來做西裝外套（I）的布塊。

耳朵和頭

將2片右耳正面對正面車縫起來，垂直的那一邊留下開口，然後翻轉過來成正面朝外。左耳也是一樣的作法。將2隻耳朵用大頭針分別別在2片頭上。

將2片頭組合起來，正面對正面，並將頭頂這一片放在中間，2隻耳朵也一併車縫上去（製作時耳朵的位置要在頭裡面），只在脖子的地方留下一個5公分的開口，然後將整個頭翻轉過來成正面朝外。將整顆頭用合成填充物塞滿，然後以灰色棉線將5公分的開口採短針距縫合。

在老鼠頭縫上一大一小2顆鈕扣做為眼睛。在老鼠嘴巴上面，用棕色繡線繡上鼻子。在鼻子旁邊，一次用2段棕色繡線，以針水平穿過整個老鼠嘴來做鬍子。在每根鬍子接近嘴巴的兩邊都打上雙結固定，並調整好每根鬍子的長短位置。

手臂和腿

將每片手臂和腿正面對正面，沿著寬度對摺，然後縫合起來，只在頂端留下開口。將它們翻轉過來成正面朝外，然後用合成填充物塞滿，再用大頭針別在2片身體上頭。最後以棕色繡線，繡上手指和腳趾。

身體

將2片身體正面對正面,用縫紉車縫起來,四隻手和腿也一併縫進去(這時它們的位置要在身體裡面),並在頂端留下開口,然後整個翻轉過來成正面朝外,並用合成填充物把它塞滿。

在身體上方開口的那一邊往內摺1公分,然後將老鼠頭由脖子處接上,並以灰色棉線用短針距沿著周圍縫合。

尾巴

將一塊50X2.5公分的灰色法蘭絨,沿寬度平均摺成3等分。用縫紉機將摺好的尾巴整條縫起來,最後將尾巴縫上老鼠背部即可。

長褲

在每片剪好的褲頭上,反摺0.5公分作為繚邊,然後將2片褲子正面對正面,沿著褲管縫合起來,再翻回正面朝外。在其中一隻褲管前面,以紅色繡線、採長針距,縫上一小塊黑色不織布,然後就可以給老鼠穿上長褲。

西裝外套

將剪好的西裝外套布塊,正面對正面,對摺成兩半,用縫紉機將袖子和下擺的兩邊縫起來。將外套前襟和領圍的部分剪開,再翻轉回正面朝外。在前襟下擺的一邊開口,用紅色繡線、以長針距縫上小塊白布,另外在其中一隻袖子則以同樣方式縫上一小塊格子布。給老鼠穿上外套,在衣襟的地方用紅色繡線,縫上一個小十字,加以固定。

河馬Coco

尺寸：約44公分

材料

- 紫色燈芯絨布塊
- 粉紅色亞麻碎布塊
- 碎花布
- 綠色不織布塊
- 粉紅色緞帶1.5公尺
- 直徑2公分的圓形木扣子2顆
- 每邊長1公分的方形木頭珠子2顆
- 較大和中等大小、顏色各異的珠子數顆
- 繡線：綠、白、粉紅色
- 棉線：紫色
- 合成填充物
- 刺繡用針
- 車縫針
- 大頭針
- 粉片
- 麵包屑或鹹麵團

將紙型（參見54頁）影印之後，剪下布偶的紙樣，將它們用大頭針別在布料上，並用粉片沿著邊緣畫出形狀。每邊再各多留1公分的縫分，便可分別在對摺的紫色燈芯絨布上，就畫好的圖形剪下2片頭（A）、2片身體（B）和2塊手臂（C），而頭頂上的這一塊（D）和2隻耳朵（E）則不必對摺，可直接描繪後由紫色燈芯絨布剪下。接著再由粉紅色亞麻布上剪下2隻耳朵（E），同樣不必對摺；另外再從對摺的碎花布上，剪下2片比基尼褲（F）和4片比基尼上衣（G）。最後，直接從綠色不織布剪下2片手掌（H）和2片腳底（I），這兩樣均不必留縫分，布料也不必對摺。

耳朵和頭

將1隻紫色燈芯絨耳朵和1隻粉紅亞麻布耳朵，縫合起來，正面對正面，垂直的那一邊留下開口，以便最後翻轉過來成正面朝外。另1隻耳朵也以同樣的方法製作。將2隻做好的耳朵，用大頭針分別別在2片河馬頭上，粉紅色亞麻布那一面，面對頭的正面。

將2片河馬頭正面對正面組合起來，中間加上頭頂那一塊，2隻耳朵也一併車縫上去（製作時耳朵的位置要在頭裡面），只在脖子的地方留下一個3公分的開口，然後將整個頭翻轉過來，成正面朝

外。將整顆頭用合成填充物塞滿，然後以紫色棉線，將3公分的開口，採短針距縫合。

用綠色繡線，縫上2顆圓形木扣子作為眼睛。再繡上睫毛，一樣用綠色繡線。用白色繡線，縫上2顆方形木頭珠子作為牙齒。在珠子的洞裡塞一些麵包屑或鹹麵團，來把縫隙堵住。

手臂

將每片手臂正面對正面，沿著寬度對摺然後縫合，只在接肩膀的地方留下開口，然後將手臂整個翻轉過來，成正面朝外，用合成填充物一一塞滿，並將它們用大頭針別在2片身體的開口處，也就是紙型上所標示的地方。

在剪好的手掌沿邊緣摺進1公分，並將它們用綠色繡線，採長針距，縫在手臂末端。

身體

將2片身體正面對正面車縫起來，紙型上有做標示的地方（I）、背部中線和肚子部分對齊相疊，同時2隻手臂也一併縫上去（此時手臂要放在身體裡面）。腿底部的那一端也一起縫合，僅在河馬脖子上方留下開口。將整個身體翻轉過來，成正面朝外，並用合成填充物將它塞飽。

在身體上方、脖子開口的那一邊，往內摺0.5公分，然後將河馬的頭由頸部插入接上，並以紫色棉線，採短針距沿著周圍縫合。

在剪好的腳底沿邊緣摺進1公分，並將它們用綠色繡線，採長針距，縫在腿部末端。在河馬肚子上用粉紅色繡線，以緞面繡繡上肚臍。

泳裝

將比基尼上衣2片1組、正面對正面縫合起來，並在三角形的底部留下開口。

將它們放在一條長25公分的緞帶中央，2塊三角形中間留下1公分的間隔，然後將緞帶夾進它們底部的開口中間之後再車縫起來。這條緞帶是用來繫在河馬的背部。

在2片三角形頂端往內摺0.5公分，然後用縫紉機分別縫上長15公分的粉紅色緞帶。這2條緞帶是用來繫在河馬脖子後面的。

將2片比基尼褲各自反面對反面對摺，除了褲頭的地方以外，先往朝裡頭的那一面摺0.5公分，然後沿著邊緣0.2公分的地方整個縫起來。

將2片縫好的比基尼褲，各自放在長50公分的粉紅色緞帶中央，然後將緞帶夾進褲頭的開口中間之後再車縫起來。這2條緞帶是用來繫在河馬胯骨上的。將2片比基尼褲底，用縫紉機縫起來。

項鍊

用綠色繡線，將珠子以穿插不同顏色和大小的方式串起來，每穿一顆珠子，便在脖子縫上一針，好讓珠子能維持在定位，而不會滑動，最後在繡線上打雙結來固定。

小豬
馬歇爾

尺寸：約38公分

將紙型（參見55頁）影印之後，剪下布偶的紙
樣，將它們用大頭針別在布料上，並用粉片沿著
邊緣畫出形狀。每邊再各多留1公分的縫分，便可
分別在對摺的粉紅色棉布上，就畫好的圖形剪下2
片頭（A）和2塊手臂（B），而頭頂（C）和鼻子
（D）同樣自粉紅色棉布上剪下，但不必對摺；2
片身體（E）要畫在對摺的粉紅色絨布上，2片耳
朵（F）則不必對摺，可直接描繪後，由粉紅色
塔夫綢剪下，另外再從粉紅色碎花布上，剪下2片
耳朵（F）。其
他的不必留縫
分，布料也不
必對摺，可直
接從粉紅色棉
布剪下2片腳
底（G）；而2
片手掌（H）、
右眼（I）和左
眼（J）則畫
在白色不織布
上，最後再從
厚紙板剪下1
片鼻子（D）、

材料

- ◆ 用剩或舊床單上的粉紅色棉布塊
- ◆ 粉紅色碎絨布塊
- ◆ 粉紅色塔夫綢碎布塊
- ◆ 粉紅色碎花布
- ◆ 用剩的白色不織布
- ◆ 直徑1.5公分的白色圓扣子2顆
- ◆ 繡線：黑、淺粉紅和桃紅色
- ◆ 棉線：淡粉紅、白色
- ◆ 厚紙板（200g）
- ◆ 合成填充物
- ◆ 刺繡用針
- ◆ 車縫針
- ◆ 大頭針
- ◆ 粉片

2片腳底（G）和2片手掌（H）。

耳朵和頭

將1隻粉紅色塔夫綢耳朵和1隻粉紅色碎花布耳朵
縫合起來，正面對正面，垂直的那一邊留下開
口，以便最後翻轉過來，成正面朝外。另1隻耳朵
也以同樣的方法製作。將2隻做好的耳朵用大頭
針，分別別在2片小豬頭上，粉紅色碎花布那一
面，面對頭的正面。

將2片小豬頭，正面對正面組合起來，中間加上頭
頂那一塊，2隻耳朵也一併車縫上去（製作時耳朵
的位置要在頭裡面），只在脖子後面的地方留下一
個5公分的開口，然後將整個頭翻轉過來，成正面
朝外。將整顆頭用合成填充物塞滿，然後取2條
淺粉紅繡線重疊加粗，將5公分的開口，採短針
距縫合。

用白棉線，以短針距，將眼睛固定在小豬頭上，

在眼睛中央用黑色繡線,繡上瞳孔。

將厚紙板的鼻子,放在剪好的棉布塊鼻子中央,然後將布料沿著厚紙板的邊緣,摺到後面去。將它用淡粉紅色的棉線,以長針距縫在小豬頭上扁平的鼻子末端。在鼻子中間用淺粉紅色繡線,縫上2顆白色鈕扣做為鼻孔。在鼻子下方用桃紅色繡線,以回針繡繡上嘴巴。

手臂

將每片手臂正面對正面,沿著寬度對摺和縫合,只在接肩膀的地方留下開口,然後將手臂整個翻轉過來成正面朝外,用合成填充物塞滿,並將它們用大頭針別在2片身體的接口處,也就是紙型上所標示的地方。

將厚紙板的手掌放在剪好的不織布手掌中央,然後將布料沿著厚紙板的邊緣,摺到後面去。將它們用淡粉紅色的棉線,以長針距縫在手臂末端。在左手臂上用桃紅色繡線,以回針繡繡上刺青。

身體

將2片身體正面對正面車縫起來,紙型上有做標示的地方(I)、背部中線和肚子部分對齊相疊,同時2隻手臂也一併縫上去(此時手臂要放在身體裡面)。腿底部的那一端也一起縫合,僅在小豬脖子上方留下開口。將整個身體翻轉過來,成正面朝外,並用合成填充物將它塞飽。

在身體上方脖子開口的那一邊,往內摺0.5公分,然後將小豬的頭由頸部插入接上,並以淡粉紅色棉線,採短針距沿著周圍縫合。

將厚紙板的腳底,放在剪好的不織布腳底中央,然後將布料沿著厚紙板的邊緣,摺到後面去。將它們用淡粉紅色的棉線,以長針距縫在腿部末端。

野狼
貝諾瓦

尺寸：約50公分

- ◆ 灰色燈芯絨布塊
- ◆ 粉紅色塔夫綢碎布塊
- ◆ 舊紅色羊毛毯或紅色不織布
- ◆ 碎花布
- ◆ 用剩的黑色不織布
- ◆ 用剩的白色不織布
- ◆ 繡線：黑、白色
- ◆ 棉線：灰、黑、白和紅色
- ◆ 合成填充物
- ◆ 刺繡用針
- ◆ 車縫針
- ◆ 大頭針
- ◆ 粉片

將紙型（參見56～57頁）影印之後，剪下布偶的紙樣，將它們用大頭針別在布料上，並用粉片沿著邊緣畫出形狀。每邊再各多留1公分的縫分，便可分別在對摺的灰色燈芯絨布上，就畫好的圖形剪下2片頭（A）、2片身體（B）和2片手臂（C），而一片頭頂（D）和2片耳朵（E）同樣自灰色燈芯絨布剪下，但不必對摺；另外，再從粉紅色塔夫綢剪下2片耳朵（E），布料不必對摺。接著，從對摺的紅色羊毛毯和對摺的碎花布，分別剪下2片斗蓬（F）。其他的不必留縫分，從對摺的黑色不織布，剪下2片後腳掌（G），而1片前腳掌（H）、鼻子（I）、右眼（J）和左眼（K）則畫在黑色不織布上，布料不必對摺，最後另1片前腳掌（H）要從沒有對摺的白色不織布剪下。

耳朵和頭

將1隻灰色燈芯絨耳朵和1隻粉紅色塔夫綢耳朵，縫合起來，正面對正面，垂直的那一邊留下開口，以便最後翻轉過來，成正面朝外。另一隻耳朵也以同樣的方法製作。將2隻做好的耳朵，用大頭針分別別在2片野狼頭上，粉紅色塔夫綢那一面，面對頭的正面。

將2片野狼頭，正面對正面組合起來，中間加上頭頂那一塊，2隻耳朵也一併車縫上去（製作時耳朵的位置要在頭裡面），只在脖子後面的地方留下一個3公分的開口。將整個頭翻轉過來成正面朝外。將整顆頭用合成填充物塞滿，然後用灰色棉線，將3公分的開口，採短針距縫合。

用黑棉線，以短針距，將眼睛固定在野狼頭上。在眼睛中央的地方，用白色繡線繡上一個十字。

用黑色棉線在野狼頭部前端縫上鼻子。

在鼻子旁邊，一次用2段黑色繡線，以針水平穿過整個野狼的嘴來做鬍子。在嘴巴的兩邊為每根鬍子都打上雙結固定，並拉緊繡線以在每邊做出一個皺褶。調整好每根鬍子的長短位置後，在鬍子上方，用黑色繡線，縫上幾個黑結或繡上圓點。

手臂

將每片手臂正面對正面，沿著寬度對摺然後縫合，只在接肩膀的地方留下開口，然後將手臂整個翻轉過來，成正面朝外，用合成填充物一一塞

滿，並將它們用大頭針，別在2片身體的接口處，也就是紙型上所標示的地方。

將前腳掌的圓弧處縫合，填滿合成填充物之後，將它們用白或黑色的棉線，以小針距，縫在前腳末端。

身體

將2片身體正面對正面車縫起來，紙型上有做標示的地方（Ⅰ）、背部中線和肚子部分對齊相疊，同時2隻手臂也一併縫上去（此時手臂要放在身體裡面）。腿底部的那一端也一起縫合，僅在野狼脖子上方留下開口。將整個身體翻轉過來，成正面朝外，並用合成填充物將它塞飽。

在身體上方脖子開口的那一邊，往內摺0.5公分，然後將野狼的頭由頸部插入接上，並以灰色棉線，採短針距，沿著周圍縫合。

在野狼肚子中央的接縫處，用紅色繡線，繡上幾針和十字，作為獵人救出小紅帽之後，在野狼肚子上縫合的痕跡。

後腳掌

將後腳掌沿邊縫合，只留下上面那一端要接腿部的地方。將它們填滿合成填充物之後，用黑棉線以小針距縫在後腿末端。

斗蓬

將2片紅色羊毛毯和碎花布上剪下的斗蓬，組合車縫起來，正面對正面，同時將2條25X1.5公分的紅羊毛毯布條，放在紙型上標明的地方，一併縫進去（將2條繫帶擺在裡面）。縫好後，便將整件斗蓬翻轉過來，成正面朝外。

將斗蓬披在野狼身上，碎花布那一面朝向身體，在它脖子前面用繫帶打個蝴蝶結，在斗蓬繫帶以上的那個部分，就會變成帽子的模樣。

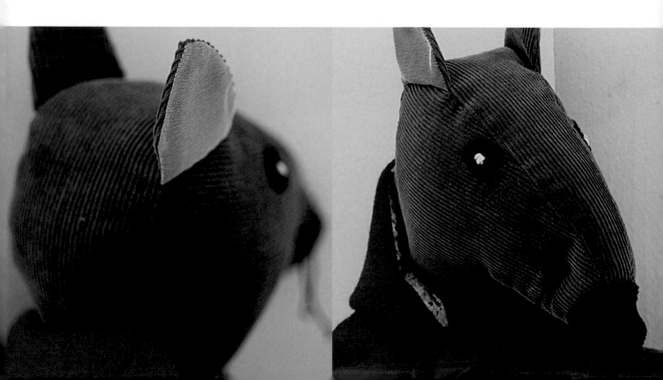

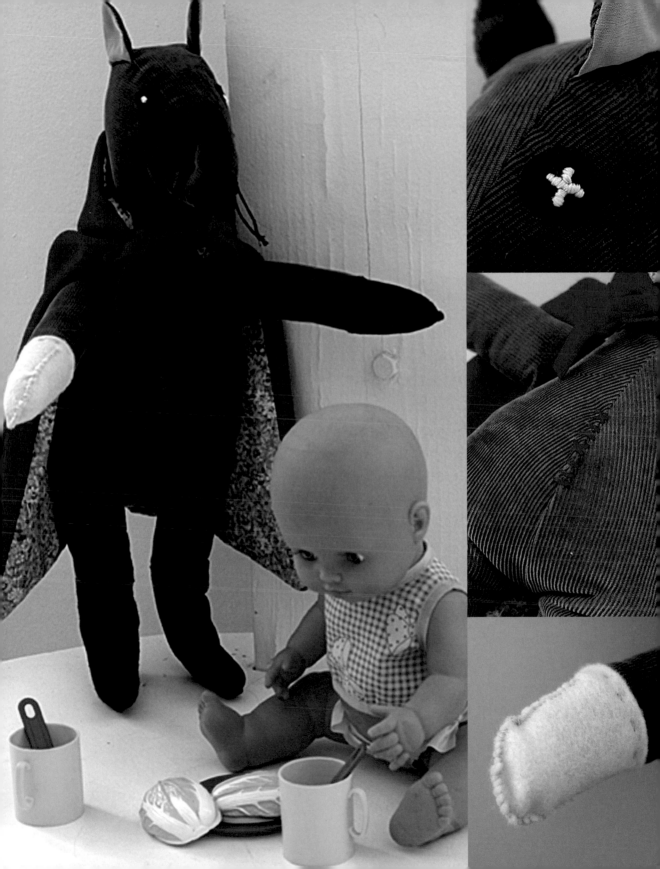

小驢
愛利歐

尺寸：約44公分

材料

- 淺棕色毛巾布
- 舊白色羊毛毯或布塊
- 用剩的黑色不織布
- 用剩的碎格子布
- 粗麻布拖把上的流蘇布條
- 棉線：淺棕、白、黑色
- 合成填充物
- 刺繡用針
- 大頭針
- 粉片

將紙型（參見58頁）影印之後，剪下布偶的紙樣，將它們用大頭針別在布料上，並用粉片沿著邊緣畫出形狀。每邊再各多留1公分的縫分，便可分別在對摺的淺棕色毛巾布上，就畫好的圖形剪下2片頭（A）、2片身體（B）和2塊手臂（C），而頭頂（D）這一塊同樣自淺棕色毛巾布上剪下，但不必對摺。其他的不必留縫分，直接自未對摺的淺棕色毛巾布，剪下2片耳朵（E），並在同樣未對摺的格子布，剪下另2片耳朵（E）；而4片蹄子（F）、4片蹄底（G）和2片瞳孔（H）可直接由黑色不織布剪下，不必對摺。右眼（I）和左眼（J）必須從對摺的白色羊毛布塊上剪下，2片口鼻（K）和鼻子上的這一塊（L）則直接從白色羊毛布塊上剪下，布料不必對摺。

耳朵和頭

用密針拷克鎖邊的方式，將一隻淺棕色毛巾布耳朵和一隻格子布耳朵縫合起來，正面對正面，垂直的那一邊留下開口，以便最後翻轉過來成正面朝外。另一隻耳朵也以同樣的方法製作。將2隻做好的耳朵用大頭針分別別在2片頭上，格子布那一面朝向頭的正面。將十幾撮長20公分的粗麻布流蘇，一撮接一撮整齊地放進小驢頭上，為鬃毛所預留的縫隙（將這些流蘇放在裡面）。

將2片頭正面對正面組合起來，中間加上頭頂那一塊，2隻耳朵也一併車縫上去（製作時耳朵的位置要在頭裡面），只在脖子後面的地方，留下一個5公分的開口。將整個頭翻轉過來，成正面朝外。

將整顆頭用合成填充物塞滿，然後用棕色棉線，將5公分的開口採短針距縫合。

用白棉線，以短針距，將眼睛固定在小驢頭上。

在眼睛上面，稍微朝中央靠裡面的位置，用黑棉線以短針距縫上瞳孔。將2片口鼻與中間鼻子上這一塊組合起來，塞好合成填充物之後，再用白棉線，以小針距，整個縫上小驢頭前端。

手臂

將每片手臂正面對正面，沿著寬度對摺然後縫合，只在接肩膀的地方留下開口，然後將手臂整個翻轉過來，成正面朝外，用合成填充物一一塞滿，並將它們用大頭針，別在2片身體的接口處，也就是紙型上所標示的地方。

身體

將2片身體正面對正面車縫起來，紙型上有做標示的地方（I）、背部中線和肚子部分對齊相疊，2隻手臂也一併縫上去（此時手臂要放在身體裡面）；同時，將6撮8公分長的粗麻布流蘇，一撮接一撮地縫進小驢背部下方（這些流蘇要放在身體裡面），最後腿底部的那一端也一起縫合，僅在

小驢脖子上方留下開口。將整個身體翻轉過來，成正面朝外，並用合成填充物將它塞飽。
在身體上方脖子開口的那一邊，往內摺0.5公分，然後將小驢的頭由頸部插入接上，並以棕色棉線，採短針距沿著周圍縫合。

蹄子

用黑棉線，將蹄子布塊在紙型上標明（2）和（3）的位置接縫起來成圓筒狀；接著把蹄底縫在其中一邊的開口上。將做好的蹄子，用黑棉線，以小針距接在手臂和腿末端。

領巾

將50X9公分的格子布條，正面對正面對摺，然後沿著距布邊0.5公分的地方，把長邊和其中一個寬邊車縫起來，並翻回正面朝外。在未車縫的寬邊往內摺1公分，然後用縫紉機，沿著距布邊0.2公分的地方縫起來。將製作好的領巾，圍在小驢的脖子上。

綿羊瑪歐

尺寸：約25公分

材料

- ◆ 舊床墊的條紋布塊
- ◆ 用剩的黑色不織布
- ◆ 粉紅色棉質碎布塊
- ◆ 2顆直徑0.7公分的木頭圓珠子
- ◆ 黑色壓克力顏料
- ◆ 小扁頭刷子
- ◆ 棉線：淡褐色、黑色
- ◆ 合成填充物
- ◆ 車縫針
- ◆ 大頭針
- ◆ 粉片

將紙型（參見59頁）影印之後，剪下布偶的紙樣，將它們用大頭針別在布料上，並用粉片沿著邊緣畫出形狀。每邊再各多留1公分的縫分，便可分別在對摺的條紋布上，就畫好的圖形剪下2片身體（A），而5隻腳（B）則自對摺的粉紅色棉布上剪下。剩下的一片頭（C）不必留縫分，布料也不必對摺，可直接從黑色不織布剪下。

蹄子

將每片蹄子正面對正面，沿著寬度對摺，然後沿布邊0.5公分的地方縫合，只在頂端留下開口，然後整個翻轉過來成正面朝外，用合成填充物一一塞滿，並將它們用大頭針，一個接一個別在2片身體下面。

用黑色壓克力顏料，將每個蹄子末端塗黑，注意要每個色塊要均勻，塗邊整齊。塗好後放在一旁風乾。

身體

將2片身體正面對正面，沿著布邊1公分的地方，車縫起來，4隻蹄子也一併縫上去（此時它們要放在身體裡面）。在頭部留下一個6公分的開口，然後整個翻轉過來，成正面朝外，並用合成填充物把身體填滿，最後用淡褐色棉線，以短針距，把開口縫合。

頭

在紙型上標示的地方，以長針距，用黑棉線，於身體前端將頭部縫上。耳朵的部分讓它自然鬆開，不必固定。

在頭部的兩邊各自用黑棉線，縫上木頭圓珠子作為眼睛。

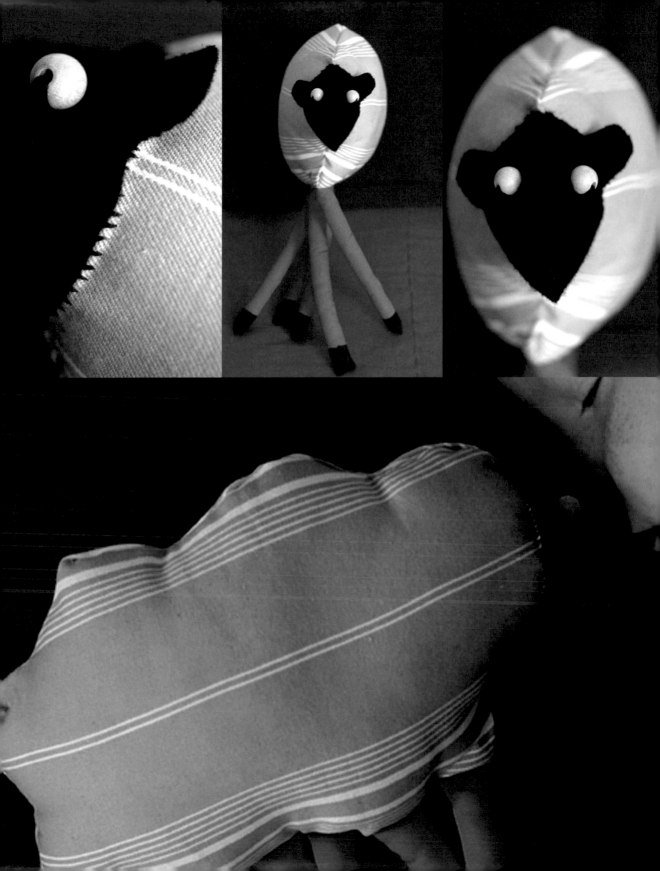

大熊湯瑪斯

尺寸：約50公分

材料

- ◆ 厚亞麻布
- ◆ 藍色格子碎布塊
- ◆ 粗麻網眼布
- ◆ 用剩的藍色不織布
- ◆ 直徑2公分的白色圓鈕扣2顆
- ◆ 直徑2.5公分的圓鈕扣4顆
- ◆ 繡線：棕色、天空藍色
- ◆ 棉線：棕色、天空藍和灰褐色
- ◆ 合成填充物
- ◆ 刺繡用針
- ◆ 縫紉用針
- ◆ 大頭針
- ◆ 粉片

將紙型（參見60～61頁）影印之後，剪下布偶的紙樣，將它們用大頭針別在布料上，並用粉片沿著邊緣畫出形狀。每邊再各多留1公分的縫分，便可分別在對摺的厚亞麻布上，就畫好的圖形剪下2片頭（A）、2片背部（B）、2片肚子（C）、2塊手臂（D）和2片腿（E），而頭頂（F）、2片耳朵（G）、1片蜂蜜罐身（H）和1片蜂蜜罐底（I）同樣自厚亞麻布上剪下，但不必對摺。接著在未對摺的藍色格子布上剪下2片耳朵（G），2片腳底（J）則自藍色不織布剪下，同樣不必對摺。其他的不必留縫分，可直接從未對摺的藍色格子布，剪下1片蜂蜜罐蓋（K），而2片褲子（L）和1片褲頭（M）則是從對摺的粗麻網眼布剪下來。

耳朵和頭

將一隻厚亞麻布耳朵和一隻格子布耳朵，縫合起來，正面對正面，垂直的那一邊留下開口，以便最後翻轉過來成正面朝外。另一隻耳朵也以同樣的方法製作。將2隻做好的耳朵，用大頭針分別別在2片頭上，格子布那一面朝向頭的正面，並在耳朵根部摺出一個1公分的皺褶。

將2片頭正面對正面組合起來，中間加上頭頂那一塊，2隻耳朵也一併車縫上去（製作時耳朵的位置

要在頭裡面），只在脖子留下開口。

將整個頭翻轉過來成正面朝外。將整顆頭用合成填充物塞滿。

將2顆白鈕扣，用棕色繡線，縫在大熊頭上作為眼睛。在眼睛上方用棕色繡線，繡上眉毛。

在頭部尖端用棕色繡線，採緞面繡的方式，繡上三角形的鼻子。

身體

將身體左右片、肚子和背部正面對正面車縫起來，紙型上有做標示的地方（I）、（2）和（3）要2個1組對齊縫合，僅在大熊脖子上方留下開口。將整個身體翻轉過來，成正面朝外，並用合成填充物將它塞飽。

在大熊頭脖子上的開口處，往內摺1公分，然後接上身體上部，並以天空藍繡線，採長針距沿著周圍縫合。

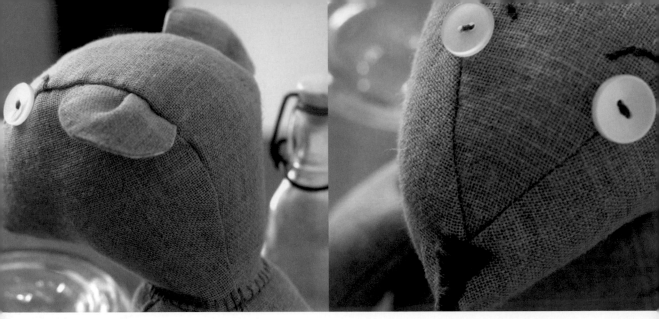

手臂

將每片手臂正面對正面，沿著寬度對摺然後縫合，只在接肩膀的地方留下開口，然後將手臂整個翻轉過來，成正面朝外，用合成填充物一一塞滿。接著在開口處往內摺1公分，便可沿著距布邊0.2公分的地方，將開口車縫起來。用天空藍繡線，以在肩膀處縫上鈕扣的方式，將手臂接上身體。

腿

將每片腿正面對正面，沿著寬度對摺然後縫合，並於兩端留下開口。將腳底以天空藍繡線，採短針距接上腿的末端，然後才將它們翻轉過來，成正面朝外，並用合成填充物一一塞滿。接著在另一個開口處往內摺1公分，便可沿著距布邊0.2公分的地方，用灰褐色棉線，將開口車縫起來。
用天空藍繡線，以在胯骨處縫上鈕扣的方式，將2隻腿接上身體。

長褲和褲頭

用縫紉機將剪裁好的2片褲子，正面對正面，將

（4）和（5）這兩個紙型上標明的地方，一組組兩邊對齊縫起來。將跨下的位置縫合後，再將整件褲子翻回正面朝外。在褲子前面的兩邊，各做一個1公分的皺褶，並用大頭針別起來。
將褲頭這一片正面對正面，然後把較短的兩邊縫合起來，再將它接在長褲上，反面對正面，用褲頭的寬度，將長褲布邊夾在中間，並吃進約2公分的高度，接著將整個褲頭用機器車縫固定起來。在兩邊胯骨的地方，各多縫一道斜針，然後再把多餘的布料，除了多0.5公分以外的部分剪掉。

蜂蜜罐

用縫紉機將蜂蜜罐底拷克鎖邊。在蜂蜜罐身中央，用天空藍繡線，以回針繡繡上「MIEL」（蜂蜜）的字樣，再將整個罐身正面對正面，沿兩個較短布邊0.5公分的地方縫合成圓筒狀。
用棕色繡線，將罐底以長針距縫上罐身。
用合成填充物將罐子填滿，然後用棕色繡線，以回針繡在離蜂蜜罐蓋布約1公分處，沿著整個周圍封住罐子。在大熊的手掌上縫一小針，以便將蜂蜜罐固定在上面。

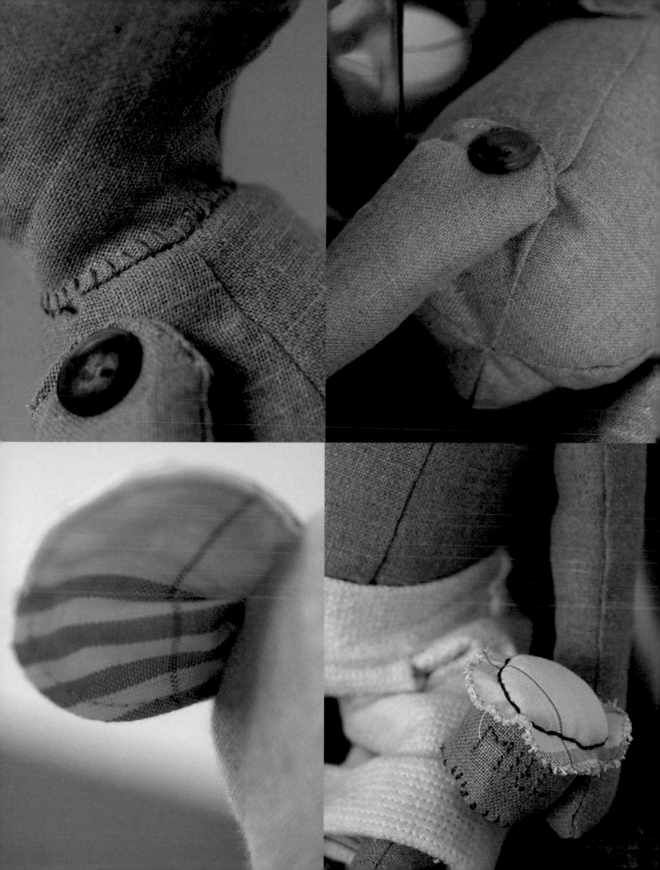

青蛙
菲利普

尺寸：約32公分

材料

◆ 綠色塔夫綢碎布塊
◆ 粉紅色碎棉布塊
◆ 紫色不織布一小塊
◆ 直徑1.2公分和2公分的白色鈕扣各1顆
◆ 1顆粉紅色鈕扣
◆ 玻璃小珠子：綠、紫、粉紅和藍色
◆ 棉線：綠色和粉紅色
◆ 合成填充物
◆ 可以穿過珠子的針
◆ 縫紉用針
◆ 大頭針
◆ 粉片

將紙型（參見62頁）影印之後，剪下布偶的紙樣，將它們用大頭針別在布料上，並用粉片沿著邊緣畫出形狀。每邊再各多留1公分的縫分，便可分別在對摺的綠色塔夫綢上，就畫好的圖形剪下2片身體（A）；一片舌頭（B）則需自對摺的粉紅色棉布上剪下。剩下的皇冠（C）不必留縫分，布料也不必對摺，可直接從紫色不織布剪下。

舌頭

將舌頭正面對正面對摺，縫合一邊後，再翻回正面，用合成填充物把它填滿，然後將它用大頭針別在2片身體頭部的地方。

身體和頭

將2片身體正面對正面車縫起來，製作好的舌頭也一併縫上去（此時它要放在身體裡面），僅留下一個6公分的開口，然後整個翻轉過來，成正面朝外，並用合成填充物把身體填滿，最後用綠色棉線，以短針距把開口縫合。

將2顆大小不同的鈕扣，縫在頭上作為眼睛。

在舌頭中央縫上粉紅色鈕扣，縫上去時將針穿過整個舌頭，來拉出皺褶感。

用綠色棉線，將玻璃珠子均勻地點綴在青蛙背上，每穿一顆珠子都縫一針，以便加以固定。

皇冠

用綠色棉線，採長針距，將皇冠縫合成圓筒狀，再同樣用綠色棉線，將它以長針距，沿著周圍固定在青蛙頭頂上。

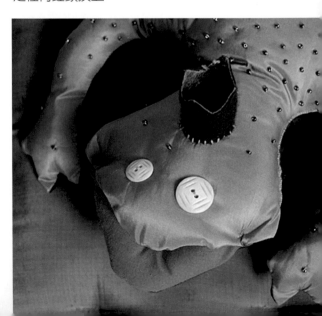

兔妹妹 茉莉葉

尺寸：約50公分

材料

- ◆ 舊床墊上的厚棉布塊
- ◆ 4種不同花樣的碎花布
- ◆ 用剩的白色不織布
- ◆ 寬1.5公分、長75公分的粉紅色緞帶
- ◆ 直徑1.2公分的黑色鈕扣2顆
- ◆ 繡線：淺粉紅、桃紅色
- ◆ 棉線：灰褐色、白色
- ◆ 合成填充物
- ◆ 刺繡用針
- ◆ 縫紉用針
- ◆ 大頭針
- ◆ 粉片

將紙型（參見63頁）影印之後剪下布偶的紙樣，將它們用大頭針別在布料上，並用粉片沿著邊緣畫出形狀。每邊再各多留1公分的縫分，便可分別在對摺的舊床墊厚棉布塊上，就畫好的圖形剪下2片頭（A）、2片背（B）、2片肚子（C）、2片手臂（C）和2片腿（E）；而頭頂（F）和2片耳朵（D）也同樣自厚棉布上剪下，但布料不必對摺，另外再從未對摺的淺粉紅色花布和深粉紅色花布上，各剪下1隻耳朵（G），2片腳底（H）要分別從淺紅色花布和深紅色花布各剪下1片，布料均不必對摺。最後不必留縫分，布料也不必對摺，可直接從白色不織布上剪下一對牙齒（I）。

耳朵和頭

將1隻厚棉布耳朵和1隻粉紅色花布耳朵縫合起來，正面對正面，垂直的那一邊留下開口，以便最後翻轉過來，成正面朝外。另一隻耳朵也以同樣的方法製作。將2隻做好的耳朵，用大頭針分別別在2片兔子頭上，粉紅色花布那一面，面對頭的正面，耳朵根部的地方，要先對摺成半再縫上去。

將2片頭正面對正面組合起來，中間加上頭頂那一塊，2隻耳朵也一併車縫起來（製作時耳朵的位置要在頭裡面），只在脖子的地方留下開口，然後將整個頭翻轉過來，成正面朝外。將整顆頭用合成填充物塞滿。將2顆黑鈕扣，用桃紅色繡線，縫在兔子頭上當作眼睛。在眼睛上方，用桃紅色繡線，繡上睫毛。

在頭部尖端，用淺粉紅色的繡線，以緞面繡繡上三角形的鼻子。在頭部下方，用桃紅色繡線，以回針繡繡上嘴巴。在頭部尖端，鼻子下面，用白棉線，以短針距縫上牙齒。

身體

將身體左右片、肚子和背部，正面對正面以縫紉機車縫起來，紙型上有做標示的地方（1）、（2）和（3）要2個組對齊縫合，僅在兔子頸部上方留下開口。將整個身體翻轉過來，成正面朝外，並

用合成填充物將它塞飽。

在兔子頭頸部上的開口處，往內摺1公分，然後接上身體的頂端，並以灰褐色棉線，採短針距沿著周圍縫合。

手臂

將每片手臂正面對正面，沿著寬度對摺然後縫合，只在接肩膀的地方留下開口。

將縫合好的手臂翻轉過來，成正面朝外，並用合成填充物將它們填滿，接著在開口處往內摺1公分，便可沿著距布邊0.2公分的地方，將開口車縫起來。

最後用桃紅色繡線，以在肩膀處縫上一個十字的方式，將手臂接上身體。

腿

將每片腿正面對正面，沿著寬度對摺然後縫合，並於兩端留下開口。將腳底以灰褐色棉線，採短針距接上腿的末端，然後才將它們翻轉過來，成正面朝外，並用合成填充物一一塞滿。接著在另一個開口處往內摺1公分，便可沿著距布邊0.2公分的地方，用灰褐色棉線，將開口車縫起來。最後用桃紅色繡線，以在胯骨處縫上一個十字的方式，將2隻腿接上身體。

裙子

從深紅色花布上剪下一個53X16公分的長方形布塊。以縫紉機將它拷克收邊，並在2個長邊做出1公分的反摺邊。

將裙子正面對正面，在2個寬邊縫合，以成為圓筒狀。將裙子翻過來讓正面朝外，然後用大頭針在裙頭的地方，均勻地打幾個褶，並讓裙子最後的腰圍變成38公分。

將粉紅色緞帶縫上裙頭（在緞帶上下兩邊各縫一遍），縫到後面時，並在緞帶兩端多留7公分的長度。替兔妹妹穿上裙子，用緞帶多留的長度，在後面打一個蝴蝶結。

紙型

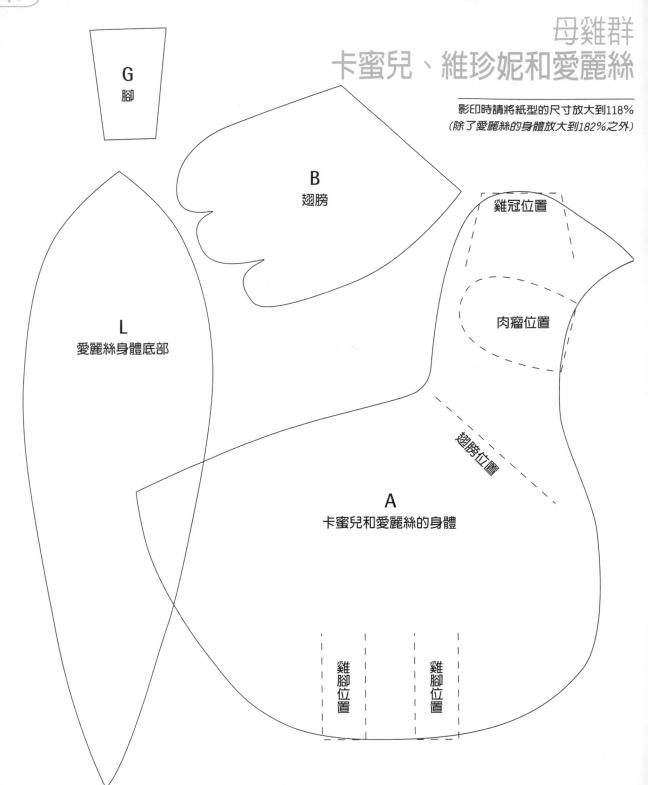

母雞群
卡蜜兒、維珍妮和愛麗絲

影印時請將紙型的尺寸放大到118%
（除了愛麗絲的身體放大到182%之外）

G
腳

B
翅膀

雞冠位置

肉瘤位置

L
愛麗絲身體底部

翅膀位置

A
卡蜜兒和愛麗絲的身體

雞腳位置

雞腳位置

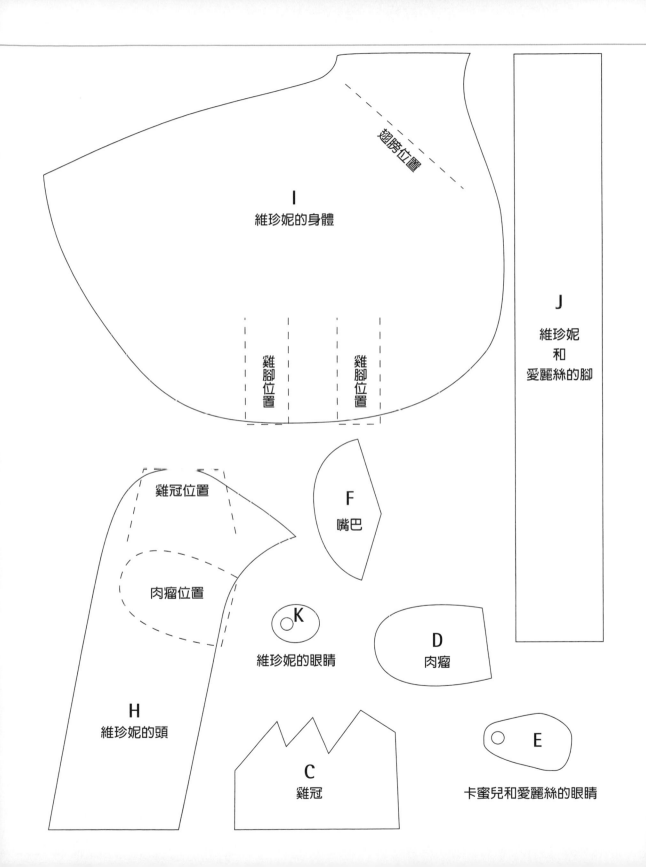

翅膀位置

I
維珍妮的身體

雞腳位置   雞腳位置

J
維珍妮
和
愛麗絲的腳

雞冠位置

肉瘤位置

F
嘴巴

K
維珍妮的眼睛

D
肉瘤

H
維珍妮的頭

C
雞冠

E

卡蜜兒和愛麗絲的眼睛

小狗尤金

影印時請將紙型放大到164%

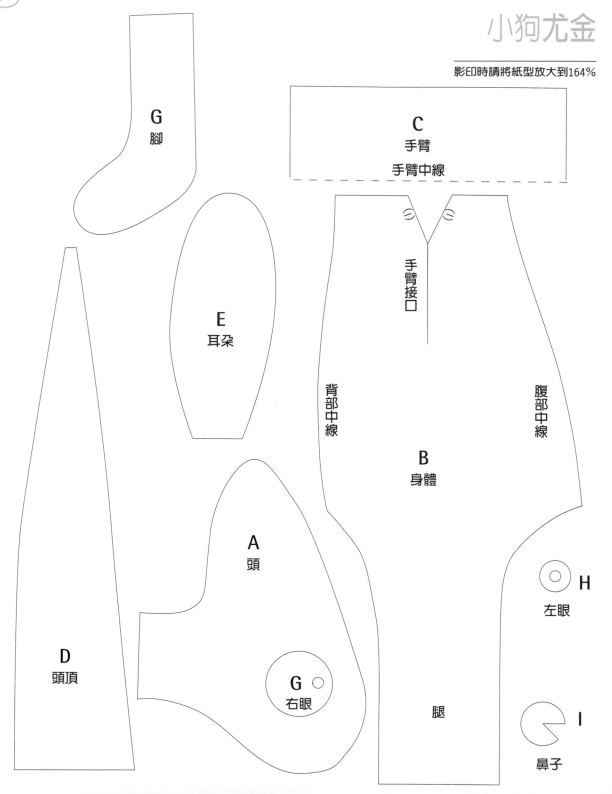

G
腳

C
手臂
手臂中線

E
耳朵

手臂接口

背部中線

腹部中線

B
身體

D
頭頂

A
頭

H
左眼

G
右眼

腿

I
鼻子

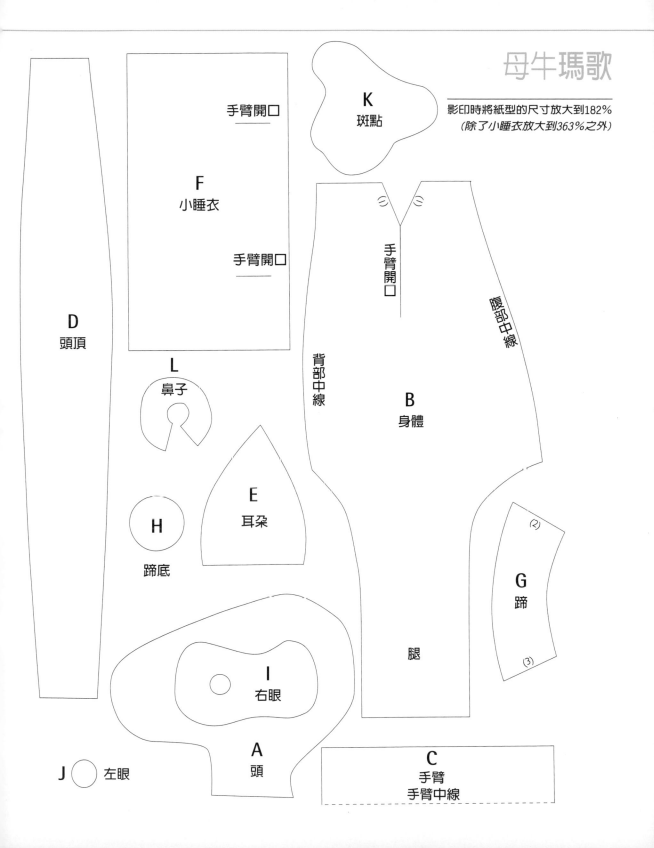

母牛瑪歌

影印時將紙型的尺寸放大到182%
（除了小睡衣放大到363%之外）

K 斑點

F 小睡衣

手臂開口

手臂開口

手臂開口

D 頭頂

L 鼻子

背部中線

腹部中線

B 身體

E 耳朵

H 蹄底

G 蹄

腿

I 右眼

J 左眼

A 頭

C 手臂
手臂中線

城市老鼠艾馬布勒

影印時將西裝外套紙型的尺寸放大到182%，
其他則以91%來印即可

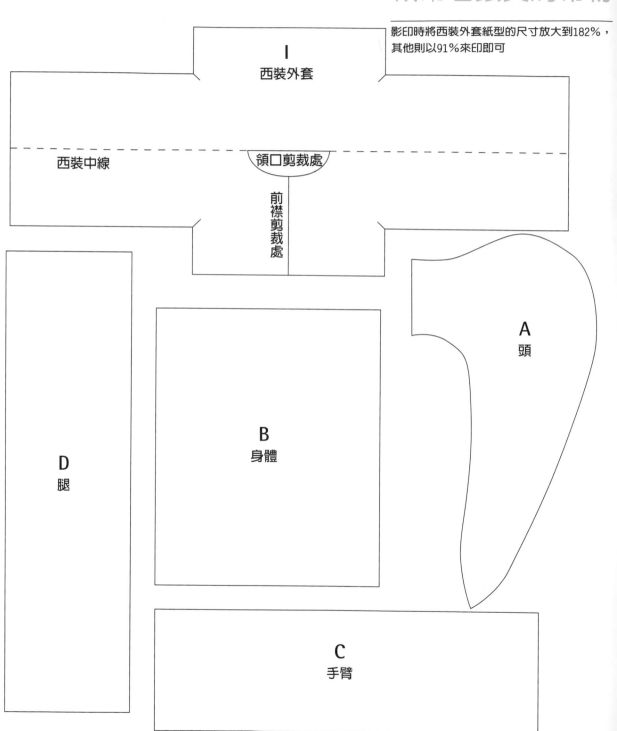

I
西裝外套

西裝中線

領口剪裁處

前襟剪裁處

A
頭

D
腿

B
身體

C
手臂

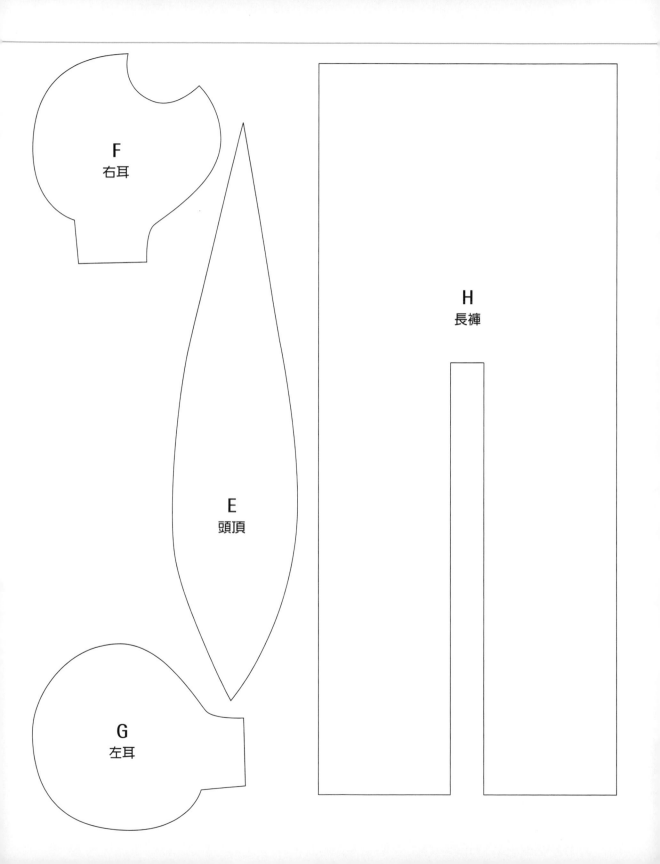

F
右耳

E
頭頂

G
左耳

H
長褲

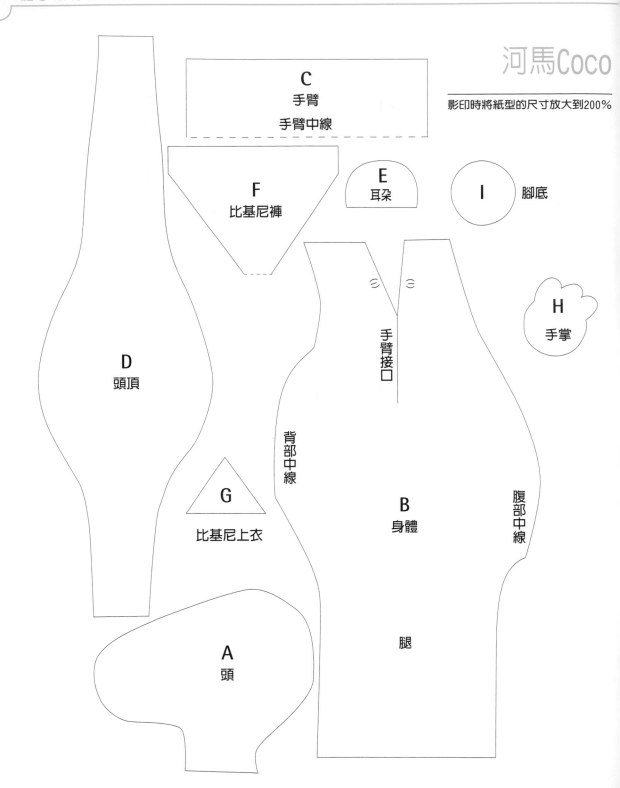

河馬Coco

影印時將紙型的尺寸放大到200%

C
手臂
手臂中線

F
比基尼褲

E
耳朵

I
腳底

D
頭頂

手臂接口

背部中線

H
手掌

G
比基尼上衣

B
身體

腹部中線

A
頭

腿

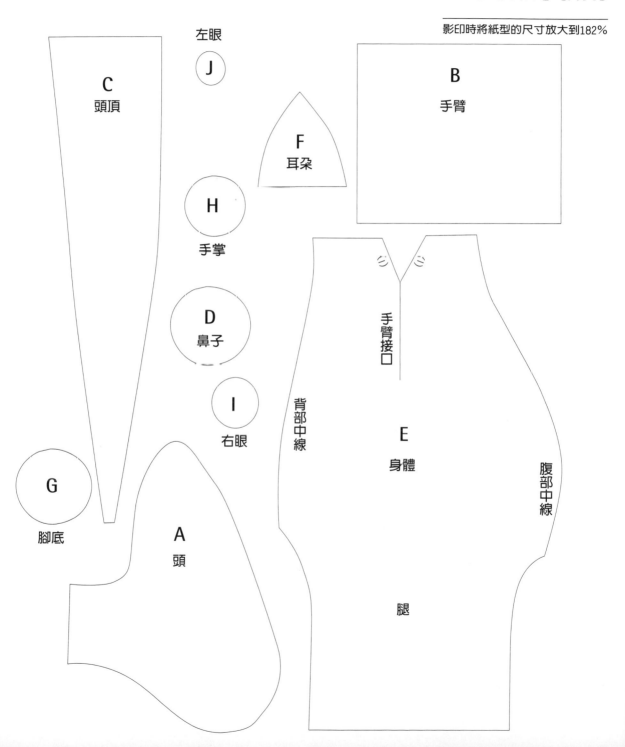

小豬馬歇爾

影印時將紙型的尺寸放大到182%

C 頭頂

左眼 J

F 耳朵

B 手臂

H 手掌

D 鼻子

I 右眼

手臂接口

背部中線

E 身體

腹部中線

G 腳底

A 頭

腿

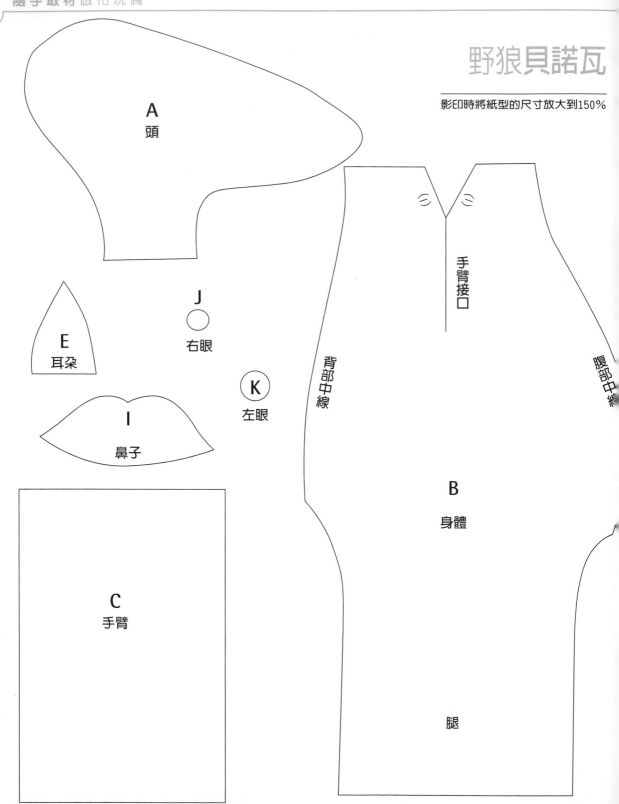

野狼貝諾瓦

影印時將紙型的尺寸放大到150%

A
頭

E
耳朵

J
右眼

K
左眼

I
鼻子

C
手臂

手臂接口

背部中線

腹部中線

B
身體

腿

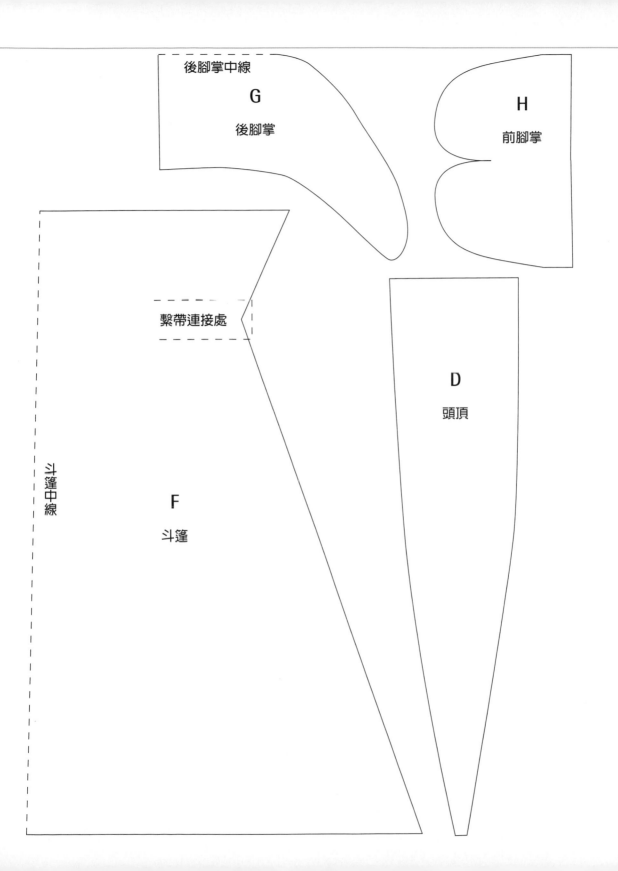

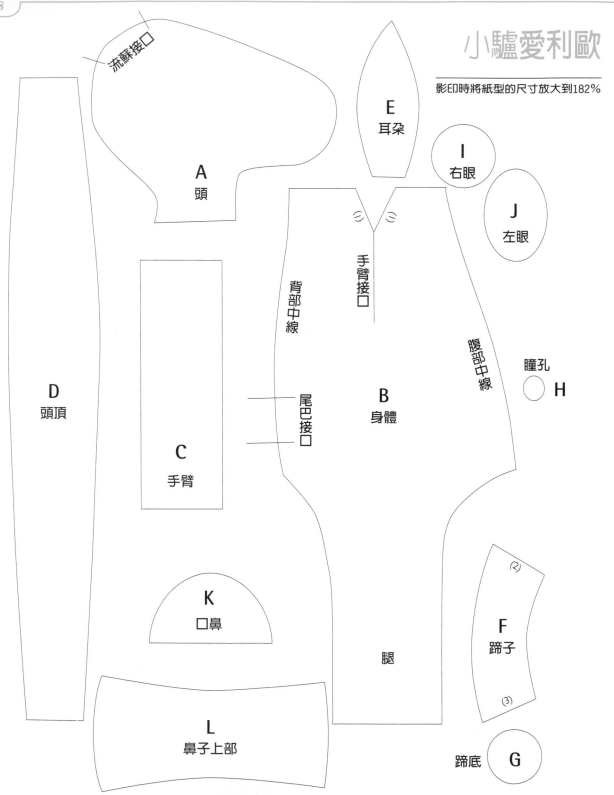

小驢愛利歐

影印時將紙型的尺寸放大到182%

A
頭

E
耳朵

I
右眼

J
左眼

流蘇接口

D
頭頂

背部中線

手臂接口

腹部中線

瞳孔
H

B
身體

尾巴接口

C
手臂

腿

F
蹄子

(2)

(3)

K
口鼻

L
鼻子上部

蹄底
G

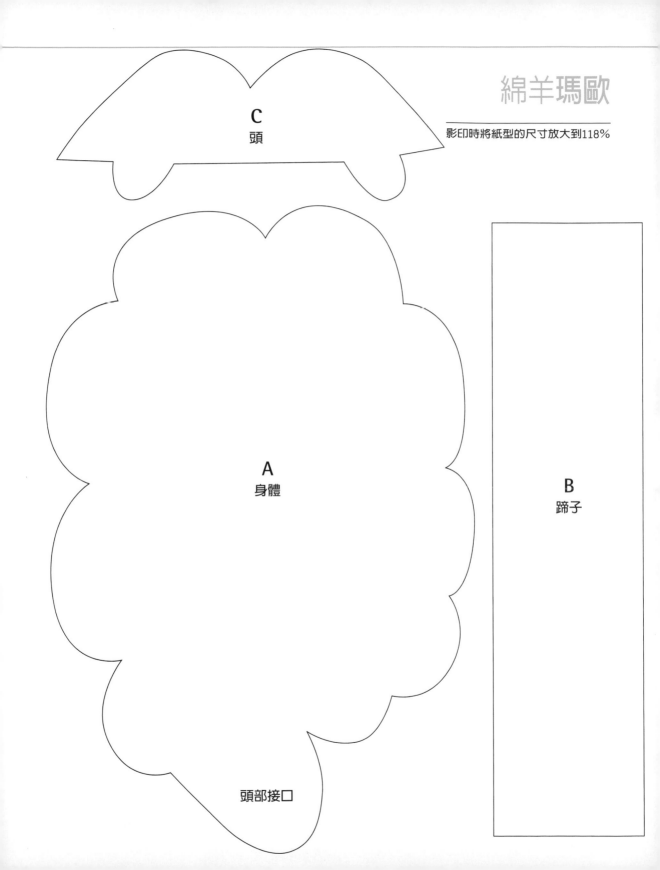

C
頭

綿羊瑪歐

影印時將紙型的尺寸放大到118%

A
身體

B
蹄子

頭部接口

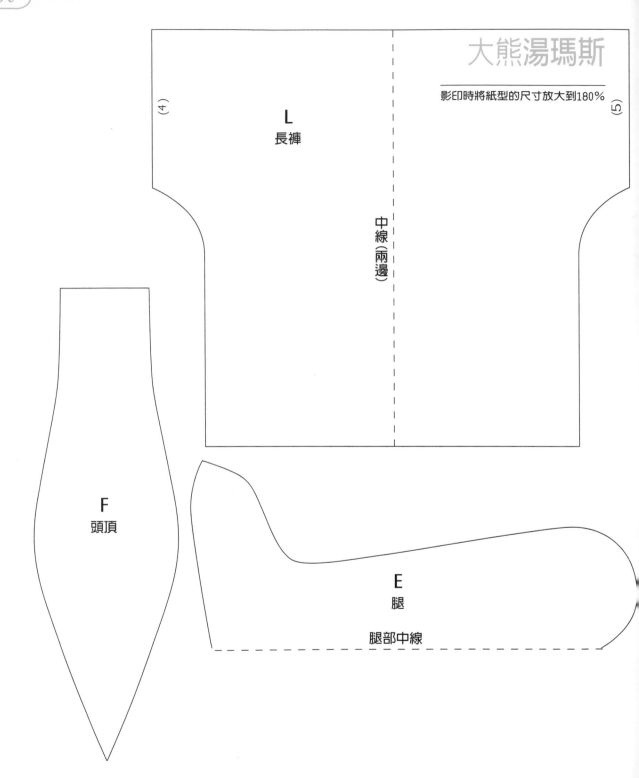

大熊湯瑪斯

影印時將紙型的尺寸放大到180%

(4)

(5)

L
長褲

中線（兩邊）

F
頭頂

E
腿

腿部中線

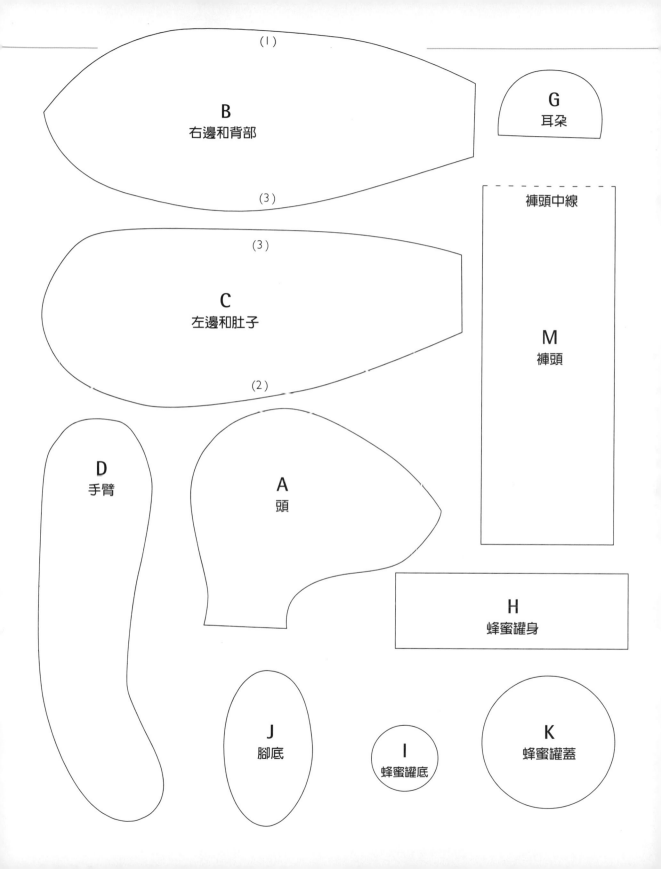

B
右邊和背部
(I)
(3)

G
耳朵

C
左邊和肚子
(3)
(2)

M
褲頭
褲頭中線

D
手臂

A
頭

H
蜂蜜罐身

J
腳底

I
蜂蜜罐底

K
蜂蜜罐蓋

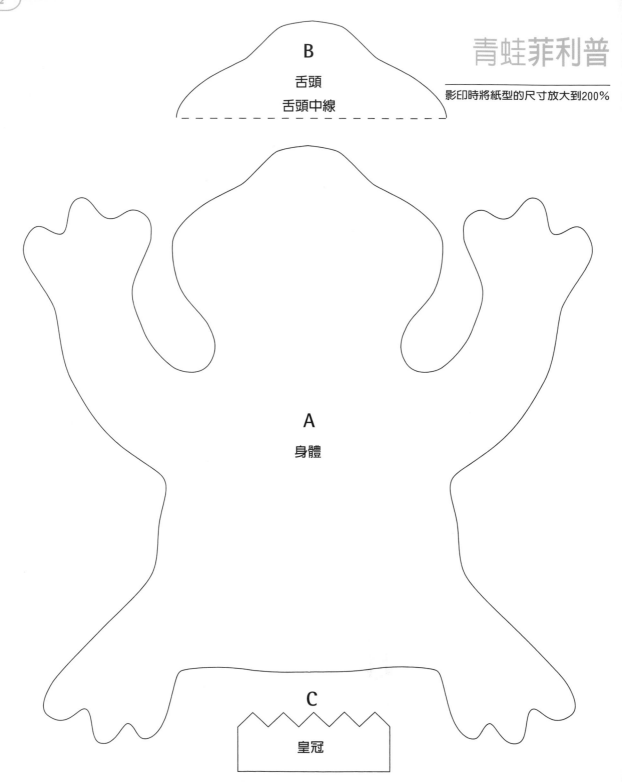

B
舌頭
舌頭中線

青蛙菲利普

影印時將紙型的尺寸放大到200%

A
身體

C
皇冠

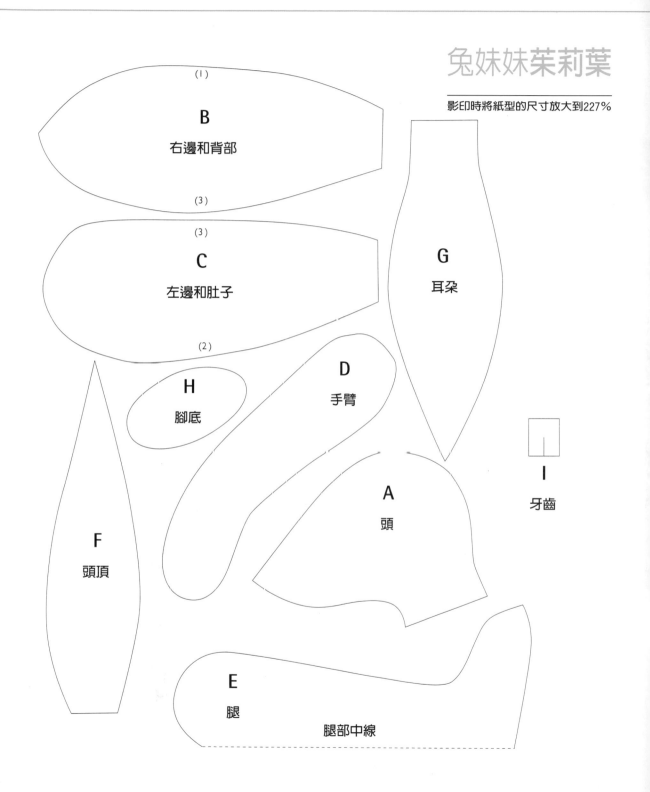

兔妹妹茉莉葉

影印時將紙型的尺寸放大到227%

(1)

B

右邊和背部

(3)

(3)

C

左邊和肚子

(2)

G

耳朵

H

腳底

D

手臂

A

頭

I

牙齒

F

頭頂

E

腿

腿部中線